国家示范性高等职业院校优质核心课程改革教材

绿色建筑

主　编　徐游　常辉
主　审　冯光荣

人民交通出版社

内 容 提 要

本书是国家示范性高等职业院校优质核心课程改革教材，选取一个真实工程项目为贯穿项目，按项目工作程序设计了六个任务，内容是：节地与室外环境评价、节能与能源利用评价、节水与水资源利用评价、节材与材料资源利用评价、室内环境质量评价和运营管理评价。

本书适用于高等职业技术院校建筑工程技术专业学生学材，也可用作相关技术人员的参考用书。

图书在版编目(CIP)数据

绿色建筑/徐游，常辉主编．—北京：人民交通出版社，2011.4

国家示范性高等职业院校优质核心课程改革教材

ISBN 978-7-114-08995-4

Ⅰ.①绿… Ⅱ.①徐…②常… Ⅲ.①建筑工程—无污染技术—高等职业教育—教材 Ⅳ.①TU-023

中国版本图书馆 CIP 数据核字(2011)第 057017 号

书　　名：国家示范性高等职业院校优质核心课程改革教材
绿色建筑
著 作 者：徐　游　常　辉
责任编辑：戴慧莉
出版发行：人民交通出版社
地　　址：(100011)北京市朝阳区安定门外外馆斜街 3 号
网　　址：http://www.ccpress.com.cn
销售电话：(010)59757969，59757973
总 经 销：人民交通出版社发行部
经　　销：各地新华书店
印　　刷：北京牛山世兴印刷厂
开　　本：787×1092　1/16
印　　张：3.75
字　　数：78 千
版　　次：2011 年 4 月第 1 版
印　　次：2011 年 4 月第 1 次印刷
书　　号：ISBN 978-7-114-08995-4
定　　价：12.00 元

四川交通职业技术学院
优质核心课程改革教材编审委员会

序 Xu

为贯彻教育部、财政部《关于实施国家示范性高等职业院校建设计划，加快高等职业教育改革与发展的意见》（教高【2006】14号）和《关于全面提高高等职业教育教学质量的若干意见》（教高【2006】16号）精神，作为国家示范性高等职业院校建设单位，我院从2007年开始组织探索如何设计开发既能体现职业教育类型特点，又能满足高等教育层次需求的专业课程体系和教学方法。三年来，我们先后邀请了多名国内外职业教育专家，组织进行了现代职业技术教育理论系统学习和职业技术教育课程开发方法系统的培训；在课程开发专家团队指导下，按照“行业分析，典型工作任务，行动领域，学习领域”的开发思路，以职业分析为依据，以培养职业行动能力为核心，对传统的学科式专业课程进行解构和重构，形成了以学习领域课程结构为特征的专业核心课程体系；与企业专业技术人员共同组成课程开发团队，按照企业全程参与的建设模式、基于工作过程系统化的建设思路，完成了10个重点建设专业（4个为中央财政支持的重点建设专业）核心课程的学材、电子资源、试题库、网络课程和生产问题资源库等内容的建设和完善，在课程建设方面取得了丰厚的成果。

对示范院校建设工程而言，重点专业建设是龙头；在专业建设项目中，课程建设是关键。职业教育的课程改革是一项长期艰苦的工作，它不是片面的课程内容的解构和重构，必须以人才培养模式创新为核心，实训条件的改善、实训项目的开发、教学方法的变革、双师结构教师团队的建设等一系列条件为支撑。三年来，我们以课程改革为抓手，力图实现全面的建设和提升；在推动课程改革中秉承“片面地借鉴，不如全面地学习”，全面地学习和借鉴，认真地研究和实践；始终追求如何在课程建设方面做出中国特色，做出四川特色，做出交通特色。

历经1 000多个日日夜夜的辛劳，面对包含了我们教师团队心血，即将破茧的课程建设成果的陆续出版，感到几分欣慰；面对国际日益激烈的经济的竞争，面对我国交通现代化建设的巨大需求，感到肩上的压力倍增。路漫漫其修远兮，吾将上下而求索！希望更多的人来加入我们这个团结、奋进、开拓、进取的团队，取得更多更好的成果。

在这些教材的编写过程中，相关企业的专家给予了很多的支持与帮助，在此谨表示衷心的感谢！

四川交通职业技术学院院长

前 言

在中央实施可持续发展战略指引下，在提倡节能减排国际大环境的要求下，在强化人民对低碳生活不断参与的新思路的倡导下，如何把绿色建筑理念融入国家的发展和建设中，已经成为今后一段时期内的研究课题。从人才成长的摇篮开始，倡导绿色建筑理念，培养高度的社会责任感，这将使建筑工程技术专业的学生受益终生。

《绿色建筑》是配合“理实一体化”教学需要，遵循学生职业能力培养的基本规律，以真实工作任务及工作过程为依据，整合教学内容而编写的学材。通过学习本学材，可以培养学生的绿色建筑设计能力，引发学生研习绿色生态技术的热情，使学生深切地体会并认识到自身在建筑设计、施工方面的价值所在。学生在学习过程中，以《绿色建筑》的理论为指导，以建设适应环境要求的、环保的建筑为目标，将绿色建筑理念带到各行各业的建设中去，为国家实现节能减排的目标作出更大的贡献。

本学材选取一个真实工程项目为贯穿项目，按项目工作程序设计了六个任务，采取师生互动、小组学习的方法，以增进学生之间的交流和学习，取长补短，共同进步。学习本课程后，学生应能了解绿色建筑的设计理念及施工方法。

本学材是集体智慧的结晶，由四川交通职业技术学院徐游、常辉担任主编，由成都农业科技职业学院建筑工程学院冯光荣担任主审。任务一至任务四由常辉负责编写，任务五、任务六由徐游负责编写。在编写过程中，得到了中国中铁二院工程集团有限责任公司张洪文工程师，中建二局四川装饰分公司刘小飞经理，大连职业技术学院唐舵、李英老师，四川建筑职业技术学院副院长、教授胡兴福，成都衡泰工程管理有限公司薛昆高工的大力支持和帮助，在此表示衷心的感谢。

由于编写时间仓促和经验不足，书中存在缺点在所难免，敬请大家指正，以便于我们在今后的工作中改进和完善。

编 者

2011 年 2 月

目　　录

任务一　节地与室外环境评价

一、任务描述

根据《绿色建筑评价标准》(GB 50378—2006)的要求完成对××小区节地与室外环境项的绿色评估。

二、学习目标

通过本学习任务的学习,你应当能:

1. 提出绿色建筑设计中节地规划设计要点;
2. 提出绿色建筑规划中交通设施规划设计要点;
3. 根据调查完成对住宅小区的节地与室外环境项的评价。

学时

完成本任务共需要6学时。

工作流程

前期准备			任务实施				评价、总结(反馈)			
1	2	3	1	2	3	4	1	2	3	4
小组划分	资料查找	住宅小区的了解	场地选址的评价	节地的评价	绿化及交通设施的评价	××小区节地及室外环境评价	自评	互评	师评	总结

三、任务实施

(一)前期准备

1. 以5人为一个小组,完成小组划分,选出小组长。

2. 查找绿色建筑相关资料,写出对“绿色建筑”的认识。

3. 查找《绿色建筑评价标准》(GB 50378—2006),总结该评价标准的主要内容。

4. 查找《城市居住区规划设计规范》(GB 50180—93)、《城市区域环境噪声标准》(GB 3096—2008),明确规范和标准对住宅小区的要求。

5. 调查你所在位置周围住宅小区的选址情况,对各小区的选址提出自己的看法和意见。

6. 对所调查的各住宅小区的绿化面积、绿化规划、绿化植物组合是否合理等提出自己的看法和意见。

(二)任务实施

1. 请问图 1-1 所示的房屋选址是否存在问题?分组讨论、总结建筑选址原则。

图 1-1

2. 实操：根据《绿色建筑评价标准》(GB 50378—2006)的要求，完成××小区场地选址项的评价，并将评价结论填入表1-1。

××小区场地选址的评价表　　表1-1

评价标准项	控制项	一般项	
	4.1.1	4.1.5	4.1.7
××小区情况			
与评价标准要求是否符合			

注：表中编号4.1.1等为《绿色建筑评价标准》(GB 50378—2006)中4住宅建筑中4.1节地与室外环境中评价项编号。

3. ××小区地下停车场的设置有什么优势？

4. 通过询问、调查等方法测算××小区及其相连小区两个地下停车场的使用率，提出两个停车场是否可以合并共享，并填写表1-2。

小区停车场调查表　　表1-2

小区名称	××小区	相连小区
调查方法		
车位数		
高峰车位数		
使用率		
两停车场高峰车位数合计		
是否存在共享可能性		
共享方案		

说明：停车场的使用率＝高峰停车数/总车位数。

5. 实操：根据《绿色建筑评价标准》(GB 50378—2006)的要求，完成对××小区节地项的评价，并填写表1-3。

××小区节地评价表　　表1-3

评价标准项	一般项	优选项
	4.1.6	4.1.14
××小区情况		
与评价标准要求是否符合		

注：表中编号4.1.6等为《绿色建筑评价标准》(GB 50378—2006)中4住宅建筑中4.1节地与室外环境中评价项编号。

6. 计算××小区热岛强度，并填写表1-4。

小词典：

热岛效应是指一个地区（主要指城市内）的气温高于周边郊区的现象，可以用两个代表性测点的气温差值（城市中某地温度与郊区气象测点温度的差值）即热岛强度表示。《绿色建筑评价标准》（GB 50378—2006）中采用夏季典型日的室外热岛强度 ΔThi（居住区室外气温与郊区气温的差值，即8:00~18:00之间的气温差别平均值）作为评价指标。

××小区热岛强度计算表 表1-4

观测时间	室外气温测量点	郊区气温测量点	气温差别	平均值	热岛强度 ΔThi
	观测温度				

7. 关于城市区域环境噪声有哪些规定？调查××小区周围有无大的噪声源，小区外的道路车流产生的噪声是否影响居民的正常休息，并填写表1-5。

××小区噪声调查表 表1-5

调查内容	噪声源	小区外的道路车流产生的噪声	其他噪声
调查方法			
调查结果			

小提示：

调查方法可以是询问法、观察法、实测法等。

8. 实操：根据《绿色建筑评价标准》（GB 50378—2006）的要求，完成对××小区降低环境负荷项的评价，并填写表1-6。

××小区降低环境负荷评价表 表1-6

评价标准项	控制项	一般项		
	4.1.2	4.1.8	4.1.9	4.1.10
××小区情况				
与评价标准要求是否符合				

注：表中编号4.1.2等为《绿色建筑评价标准》（GB 50378—2006）中4住宅建筑中4.1节地与室外环境中评价项编号。

9. 调查××小区绿化植物种类，计算绿地率、人均公共绿地面积、乔木量、地面透水率、小区距离公交车站的里程，并填写表1-7。

××小区绿化及交通情况调查表 表1-7

序号	1	2	3	4	5	6	7	8	9
指标	绿化种类	乔木株数	绿化面积	小区人数	绿地率	人均公共绿地面积	乔木量	地面透水率	小区距离公交车站的里程
调查或计算结果									

小词典：

绿地率是规划指标，为居住区用地范围内各类绿地的总和与小区用地的比率；

人均公共绿地面积（m^2/人）= 绿地面积/小区人数；

乔木量（株/100m^2 绿地面积）= 乔木株数/绿地面积 ×100；

地面透水率 = 开发后基地透水面积/基地总面积。

10. 实操：根据《绿色建筑评价标准》（GB 50378—2006）的要求，完成对××小区绿化及交通设施的评价，并填写表1-8。

××小区绿化及交通设施评价表　　表1-8

评价标准项	控制项		一般项		
	4.1.3	4.1.4	4.1.11	4.1.12	4.1.13
××小区情况					
与评价标准要求是否符合					

注：表中编号4.1.3等为《绿色建筑评价标准》（GB 50378—2006）中4住宅建筑中4.1节地与室外环境中评价项编号。

11. 实操：完成对××小区的节地与室外环境绿色标准评价，写出评价报告，并填写表1-9。

××小区节地与室外环境评价表　　表1-9

评价项	控制项	一般项	优选项
满足要求的项数			
评价等级	★□　★★□　★★★□		
评价报告			

（三）评价、总结（反馈）

1. 在完成本任务的过程中，你收集了哪些资料和信息？

2. 通过完成本次任务，你认为绿色建筑节地与室外环境的规划设计要点有哪些？

3. 通过完成本次任务，你能够对你居住的小区进行节地与室外环境项的评价吗？请写出完成评价的步骤及每一步的操作要点。

4. 各小组完成对本次任务的评价，填写表1-10～表1-14。

任务一自评表 表1-10

评价小组： 日期：

评价指标	小区场地选址评价的合理性	小区节地评价的合理性	小区降低环境负荷评价的合理性	小区绿化及交通设施评价的合理性	调查方法合理性	规范性及参考文献合理性	合计
分值	20分	20分	20分	20分	10分	10分	100分
评价得分							

任务一互评表 表1-11

评价小组： 日期：

评价指标	小区场地选址评价的合理性	小区节地评价的合理性	小区降低环境负荷评价的合理性	小区绿化及交通设施评价的合理性	调查方法合理性	规范性及参考文献合理性	合计
分值	20分	20分	20分	20分	10分	10分	100分
评价得分							

任务一教师评价表 表1-12

评价教师： 评价小组： 日期：

评价指标	小区场地选址评价的合理性	小区节地评价的合理性	小区降低环境负荷评价的合理性	小区绿化及交通设施评价的合理性	调查方法合理性	规范性及参考文献合理性	合计
分值	20分	20分	20分	20分	10分	10分	100分
评价得分							

任务一成员表现互评表

表 1-13

评价小组：　　　　　　　　　　　　　　　　　　　　　　　　　　日期：

评价指标 / 被评组员	出勤率（20 分）	团队协作性（30 分）	工作态度（20 分）	任务完成比例（30 分）	评价得分合计（100 分）

任务一评价汇总表

表 1-14

评价小组：　　　　　　　　　　　　　　　　　　　　　　　　　　日期：

得　分　项	自评得分（15%）	互评得分（25%）	教师评分（45%）	表现互评分（15%）	合计（100 分）
评价得分					
加权得分					

四、拓展问题

任务描述：根据《绿色建筑评价标准》（GB 50378—2006）的要求，完成你所在位置周围某公共建筑的节地及室外环境评价。

要求：评价过程、评价结果要有记录，评价完成后写一份评价报告。

任务二　节能与能源利用评价

一、任务描述

根据《绿色建筑评价标准》(GB 50378—2006)的要求完成对××小区节能与能源利用项的绿色评估。

二、学习目标

通过本学习任务的学习,你应当能:

1. 提出对建筑节能评价的方法及步骤;
2. 完成对建筑围护结构节能的评价;
3. 完成对建筑提高效率的评价;
4. 完成对建筑使用可再生能源的评价;
5. 对建筑进行节能及能源利用评价。

学时

完成本任务共需要14学时。

工作流程

前期准备	任务实施			评价、总结(反馈)			
1	1	2	3	1	2	3	4
资料查找	降低建筑能耗评价	提高用能效率评价	使用可再生能源评价	自评	互评	师评	总结

三、任务实施

(一)前期准备

1. 查找《建筑照明设计标准》(GB 50034—2004),总结其对公共场所和部位照明功率密度的要求。

小词典:

照明功率密度(LPD)是指建筑的房间或场所单位面积的照明安装功率(含镇流器,变压器的功耗),单位为:W/m^2。

2. 查找《民用建筑热工设计规范》(GB 50176—1993),总结该规范对建筑外墙及屋面传热系数的相关规定。该规范中对地面热工性能分几类?分别适用于哪种建筑类型?

3. 查找《公共建筑节能设计标准》(GB 50189—2005)中对集中空调(含户式中央空调)系统所选用的冷水机组或单元式空调机组的性能系数(能效比)的规定。

小词典:

能效比是在额定工况和规定条件下,空调进行制冷运行时实际制冷量与实际输入功率之比。这是一个综合性指标,反映了单位输入功率在空调运行过程中转换成的制冷量。空调能效比越大,在制冷量相等时节省的电能就越多。

(二)任务实施

1. 同样体积的两幢建筑其表面积不同,如图 2-1 所示。用同样的体积再设计几种其他形状的建筑并计算其表面积,根据设计结果说明平面及立面造型与能耗的关系。

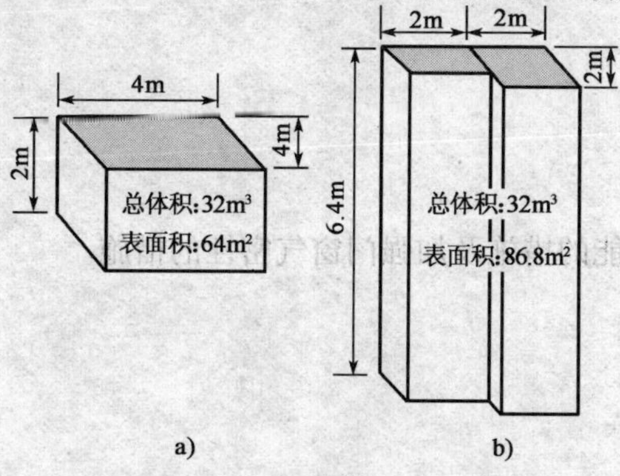

图 2-1 建筑体积 V 与表面积 A

小提示：

表面积的大小对应围护结构的大小，围护结构增加则能耗增加。

2. 在我国北方地区，每到冬季时建筑物窗户需要做哪些防护？

3. 影响窗的热损失的主要因素有哪些？简单分析这些因素与节能的关系。

小提示：

从窗墙比、玻璃层数、朝向及窗的附加物对窗节能效果的影响几方面进行分析。

小词典：

窗墙比是指单一朝向外窗面积和墙面积（含窗面积）的比值，一般称窗墙面积比。

热损失是指建筑物向外散失的热量。采暖建筑的热损失包括通过围护结构传导向室外的散热、空气渗透和通风带走的热量、地面传热、室内水分蒸发及蒸汽渗透带走的潜热等。

4. 提出改善门窗保温性能的措施及加强门窗气密性的措施。

5. 总结:为了贯彻节能理念,建筑体量的选择主要考虑哪些因素?

小提示:

建筑体量指建筑物在空间上的体积,包括建筑的长度、宽度、高度。建筑体量从建筑竖向尺度、建筑横向尺度和建筑形体三方面提出控制引导要求,一般规定上限。

6. 查找资料,列出几种可供选择的保温节能墙体,画出示意图并参考示例填入表2-1。

几种可供选择的保温节能墙体　　表2-1

序　号	墙 体 类 型	构造示意图	备　注
示例	钢丝网水泥岩棉板外保温墙	240　δ δ:30-120	
1			
2			
3			
4			

7. 外墙的热工性能指标包括哪些？××小区的外墙平均传热系数为多少？

小词典：

传热系数 K 值是指在稳定传热条件下，围护结构两侧空气温差为 1 度（K，℃），1h 内通过 $1m^2$ 面积传递的热量，单位是瓦/平方米·度（$W/m^2 \cdot K$，此处 K 可用℃代替）。外墙平均传热系数是指外墙包括主体部位和周边热桥（构造柱、圈梁以及楼板伸入外墙部分等）部位在内的传热系数平均值。按外墙各部位（不包括门窗）的传热系数对其面积的加权平均计算求得，单位：$W/(m^2 \cdot K)$。

8. 画出几种常用的节能保温屋顶构造的示意图，参考示例完成表 2-2。

常用节能屋顶构造 表 2-2

序号	屋顶类型	构造示意图	备注
示例	岩棉板（或毡） 用于屋面 保温构造	小豆石 两毡三油 20mm厚水泥砂浆 30mm厚豆板石 120×120mm砖磁架空 75mm厚岩棉板(或毡) 70mm厚水泥焦渣找坡 空心板	
1	玻璃棉板 用于屋面 保温隔热的构造		

续上表

序号	屋顶类型	构造示意图	备注
2	加气混凝土 保温屋面构造		
3	乳化沥青珍珠 岩保温屋面构造		
4	憎水珍珠岩 保温屋面构造		
5	聚苯板保温 屋面构造		
6	浮石砂 保温屋面		
7	彩色钢板 聚苯乙烯泡沫 夹心保温屋面		

9. 屋面热工性能指标有哪些？××小区屋面构造如图 2-2 所示，查找资料，确定该屋面的传热系数 K 值是多少？是否满足《民用建筑热工设计规范》(GB 50176—1993)中对屋面的传热系数要求？

> **小提示：**
>
> ρ_0 表示密度，单位为 kg/m^3；λ_c 为导热率，单位为 W/(m·k)。

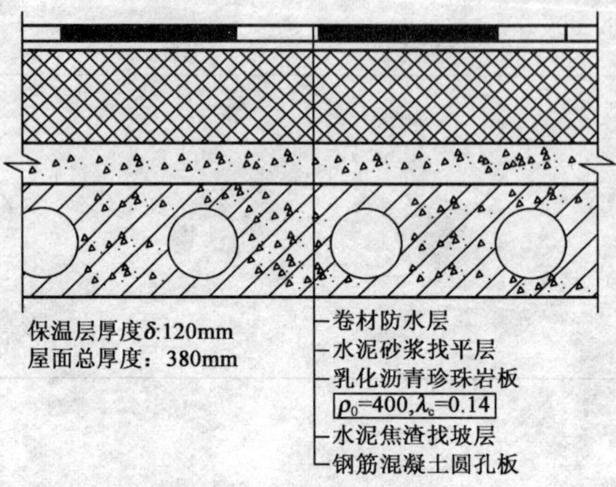

图 2-2　××小区乳化沥青珍珠岩保温屋面结构

10. 地面是否也有保温性能要求？列举几种常用节能地面构造，画出示意图，参考示例填入表 2-3。

常用节能地面构造　　表 2-3

序号	地面类型	构造示意图	备注
示例	普通聚苯板保温地面	水泥砂浆 混凝土 防湿层 聚苯板 $\rho_0=30, \lambda_c=0.63$ 防潮层 混凝土 20 80 90 100	

续上表

序号	地面类型	构造示意图	备注
1			
2			
3			
4			

11. 实操：根据《绿色建筑评价标准》(GB 50378—2006)的要求，完成对××小区降低建筑能耗的评价，并填写表2-4。

××小区降低建筑能耗的评价表　　表2-4

评价标准项	控制项				一般项	
	4.2.1				4.2.4	4.2.7
	门窗	外墙	屋面	地面		
××小区情况						
与评价标准要求是否符合						

注：表中编号4.2.1等为《绿色建筑评价标准》(GB 50378—2006)中4住宅建筑中4.2节能与能源利用评价项编号。

12. 我国北方地区的住宅和南方地区的住宅在采暖供热设计方面相同吗？居住建筑采暖供热节能设计有哪些规定？

13. 列出空调建筑节能设计的要点；查找资料列出空调系统节能技术措施；列出常用空调方式的节能途径。

14. 列出几个使用多分区多分层空调的建筑的名称。说明多分区和多分层空调的节能性是如何体现的。

15. 当空调销售员向你介绍空调的节能性能时，你有问过空调主要的节能设备是哪些吗？请列出空调的主要节能设备。

16. 实操：根据《绿色建筑评价标准》（GB 50378—2006）的要求，完成对××小区提高用能效率的评价，并填写表2-5。

××小区提高用能效率的评价表

表2-5

评价标准项	控制项		一般项			优选项
	4.2.2	4.2.3	4.2.5	4.2.6	4.2.8	4.2.10
××小区情况						
与评价标准要求是否符合						

注：表中编号4.2.2等为《绿色建筑评价标准》（GB 50378—2006）中4住宅建筑中4.2节能与能源利用评价项编号。

17. 哪些能源是可再生能源？可再生能源主要应用在哪些方面？填写表2-6。

可再生能源的应用　　表2-6

可再生能源	利用方式
太阳能	
地热（100%回灌）	
风能	
生物质能	
其他	

18. 简述太阳房的节能原理。

19. 列举我国地热利用的实例。

20. 我国目前利用深井回灌技术取得了哪些成果？存在哪些问题？

21. 广西南宁市的广西体育馆由于利用自然通风技术，因此不需要安装空调。请列举五座利用自然通风节约能量消耗的体育建筑，参照示例完成表2-7。

体育馆自然通风应用实例 表2-7

序　号	年　份	名　称	地　点	特　点	备　注
示例	1975	广西体育馆	南宁市	看台架空，从其下通风，以穿堂风作用为主	无空调
1					
2					
3					
4					
5					

22. 总结自然通风建筑利用技术的几种通风方式。

23. 实操：根据《绿色建筑评价标准》(GB 50378—2006)的要求，完成对××小区使用可再生能源项的评价，并填写表2-8。

××小区使用可再生能源的评价表 表2-8

评价标准项	一　般　项	优　选　项
	4.2.9	4.2.11
××小区情况		
与评价标准要求是否符合		

注：表中编号4.2.9等为《绿色建筑评价标准》(GB 50378—2006)中4住宅建筑中4.2节能与能源利用评价项编号。

24. 实操：完成对××小区的节能与能源利用绿色标准评价，写出评价报告填入表2-9中。

××小区节能与能源利用的评价表 表2-9

评　价　项	控　制　项	一　般　项	优　选　项
满足要求的项数			
评价等级	★□　　★★□　　★★★□		
评价报告			

(三)评价、总结(反馈)

1. 在完成本任务的过程中,你都收集了哪些资料和信息?

2. 通过完成本任务,你认为绿色建筑节能与能源利用的规划设计要点有哪些?

3. 通过完成本次任务,你能够对你的居住小区进行节能与能源利用项的评价吗?请写出完成评价的步骤及每一步的操作要点。

4. 各小组完成对本次任务的评价,填写表 2-10 ~ 表 2-14。

任务二自评表 表 2-10

评价小组: 日期:

评价指标	小区降低建筑能耗评价的合理性	小区提高用能效率评价的合理性	小区使用可再生能源评价的合理性	调查方法合理性	规范性及参考文献合理性	合计
分值	20 分	20 分	20 分	20 分	20 分	100 分
评价得分						

任务二互评表 表 2-11

评价小组: 日期:

评价指标	小区降低建筑能耗评价的合理性	小区提高用能效率评价的合理性	小区使用可再生能源评价的合理性	调查方法合理性	规范性及参考文献合理性	合计
分值	20 分	20 分	20 分	20 分	20 分	100 分
评价得分						

任务二教师评价表 表 2-12

评价教师: 评价小组: 日期:

评价指标	小区降低建筑能耗评价的合理性	小区提高用能效率评价的合理性	小区使用可再生能源评价的合理性	调查方法合理性	规范性及参考文献合理性	合计
分值	20 分	20 分	20 分	20 分	20 分	100 分
评价得分						

任务二成员表现互评表 表 2-13

评价小组： 日期：

评价指标 / 被评组员	出勤率（20 分）	团队协作性（30 分）	工作态度（20 分）	任务完成比例（30 分）	评价得分合计（100 分）

任务二评价汇总表 表 2-14

评价小组： 日期：

得 分 项	自评得分（15%）	互评得分（25%）	教师评分（45%）	表现互评分（15%）	合计（100 分）
评价得分					
加权得分					

四、拓展问题

任务描述：根据《绿色建筑评价标准》（GB 50378—2006）的要求，完成你周围某一公共建筑的节能与能源利用评价。

要求：评价过程、评价结果要有记录，评价完成后写一份评价报告。

任务三　节水与水资源利用评价

一、任务描述

根据《绿色建筑评价标准》(GB 50378—2006)的要求完成对××小区“节水与水资源利用”项的绿色评估。

二、学习目标

通过本学习任务的学习,你应当能:

1. 提出建筑节水设计方法;
2. 提出污水处理方法;
3. 对建筑进行节水与水资源利用进行评价。

学时

完成本任务共需要8学时。

工作流程

前期准备	任务实施			评价、总结(反馈)			
1	1	2	3	1	2	3	4
资料查找	确定水循环设计方案	确定节水措施	确定污水处理措施	自评	互评	师评	总结

三、任务实施

(一)前期准备

1. 调查生活周围浪费水资源的情况,拍摄相关图片,并进行总结。

2. 调查:人工草坪、高尔夫球场是如何进行日常维护的?是否像天然草坪一样不需浇灌、喷洒农药?

3. 调查:现在日常生活中所用马桶与十几年前的马桶相比,最大的变化是什么?

小提示:

从三个方面进行分析:构造、冲水量、交通工具上马桶与生活马桶冲水量。

4. “所有的水都是雨水”这是哪个专家常说的一句话?雨水可以利用吗?列举应用示例。

5. 哥伦比亚大学 C. K. Choi 楼是如何冲厕所的?

参考资料:中国节能减排网 http://www.chinajnjpw.com/html/11/hot/2009/0425/8149.html

6. 请搜集几张人工湿地处理污水的照片。

小提示:

中国广东蛇口泰格公寓;泰国亚洲理工学院 AIT;台湾成功大学建筑系。

（二）任务实施

1. 请到你周围的停车场观察一下其地面情况，分析其排水特征。

2. 观察图 3-1 中的树木，与停车场的设计进行比较，哪种设计更利于植物成长、更利于排水？哪种设计可以增强土壤水涵养能力？

图 3-1　不透水的混凝土路面

3. 总结绿色建筑水循环设计中直接渗透设计的方法。参照表 3-1 中示例总结直接渗透设计的方法，填入表 3-1 中。

直接渗透设计法　　表 3-1

序　号	设计方法		原　理
示例	绿地、被覆地或草沟设计	绿地	绿地可让山雨水直接渗入土壤，对土壤微生物活动及绿化光合作用有很大帮助，绿地是最自然、环保的保水设计
		被覆地	
		草沟	
1			
2			

4. 调查美国丹佛市中心 Skyline 广场在设计中是如何解决十年一次的洪水袭击的。

5. 荷兰阿姆斯特丹 ABN 银行总部的生态景观水池有什么作用(图 3-2)?

图 3-2　ABN 银行总部

6. 总结绿色建筑水循环设计中储集渗透设计的方法。

7. 什么是中水?列举我国中水应用的几个实例,完成表 3-2。

中水:

中水应用实例　　表 3-2

序　号	单位名称	原水来源	处理量(m^3/d)	处理流程
示例	北京结核病医院	二级处理出水	200	原水→调节池→管道反应器→平流沉淀池→过滤→消毒
1				
2				
3				
4				
5				

小词典：

一级处理(primary treatment)指的是去除污水中的漂浮物和悬浮物的净化过程，同时调节废水 pH 值，减轻废水的腐化程度和后续处理工艺负荷。

二级处理(secondary treatment)指污水经一级处理后，用生物处理方法继续除去污水中胶体和溶解性有机物，充分去除人类排泄物、食物渣滓、肥皂水和洗涤水中的生物含量的净化过程。

污水经一级处理后不能达到排放标准，所以一般以一级处理为预处理，以二级处理为主体，必要时再进行三级处理，又称深度处理，使污水达到排放标准或补充工业用水和城市供水。

8. 总结绿色建筑节水设计的方法。

9. 列举一个使用“不用水的堆肥马桶”的建筑实例，简述其应用范围。

10. 分析人工湿地污水处理产生的效益。

11. 总结绿色污水处理方法。

12. 实操：调查××小区水资源利用情况，完成对××小区的节水与水资源利用绿色标准评价，写出评价报告，填入表 3-3。

××小区节水与水资源利用的评价 表 3-3

评价项	控制项					一般项							优选项
	4.3.1	4.3.2	4.3.3	4.3.4	4.3.5	4.3.6	4.3.7	4.3.8	4.3.9	4.3.10	4.3.11	4.3.12	4.3.13
××小区情况													
是否满足要求	是□ 否□	是□ 否□	是□ 否□	是□ 否□	是□ 否□	是□ 否□	是□ 否□	是□ 否□	是□ 否□	是□ 否□	是□ 否□	是□ 否□	是□ 否□
满足要求项数													
评价等级	★□ ★★□ ★★★□												
评价报告													

注：表中编号 4.3.1 等为《绿色建筑评价标准》(GB 50378—2006) 中 4 住宅建筑中 4.3 节水与水资源利用评价项编号。

小提示：

1.《绿色建筑评价标准》(GB 50378—2006) 的 4.3.5 中节水率指的是采用包括利用节水设施、非传统水源在内的节水手段实际节约的水量占设计总用水量的百分比，即总节水率，可通过公式 (3-1) 进行计算。

$$R_{WR} = \frac{W_n - W_m}{W_n} \tag{3-1}$$

式中：R_{WR}——节水率，%；

W_n——总用水量定额值，按照定额标准，根据实际人口或用途估算的建筑用水总量，m^3/a；

W_m——实际市政供水用水总量，按照住区各用水途径测算出的总量，m^3/a。

2.《绿色建筑评价标准》(GB 50378—2006) 的 4.3.12 中非传统水源利用率可通过公式 (3-2) 计算。

$$R_u = \frac{W_u}{W_t} \times 100\% \tag{3-2}$$

$$W_u = WR + W_r + W_s + W_o$$

式中：R_u——非传统水源利用率，%；

W_u——非传统水源设计使用量（规划设计阶段）或实际使用量（运行阶段），m^3/a；

WR——再生水设计利用量（规划设计阶段）或实际利用量（运行阶段），m^3/a；

W_r——雨水设计利用量（规划设计阶段）或实际利用量（运行阶段），m^3/a；

W_s——海水设计利用量（规划设计阶段）或实际利用量（运行阶段），m^3/a；

W_o——其他非传统水源利用量（规划设计阶段）或实际利用量（运行阶段），m^3/a；

W_t——设计用水总量（规划设计阶段）或实际用水总量（运行阶段），m^3/a。

（三）评价、总结（反馈）

1. 生活中是否存在浪费水资源的情况？提出相应的节水措施。

2. 完成本任务查找了大量的资料，通过搜集这些资料，你从中学到了哪些知识？

3. 总结建筑节水与水资源利用从规划、设计、施工到使用的全寿命节水方案。

4. 各小组完成对本次任务的评价，填写表3-4～表3-8。

任务三自评表 表3-4

评价小组： 日期：

评价指标	水循环设计方法合理性	节水方法合理性	污水处理方案合理性	某小区节水与水资源评价合理性	参考资料的合理性	合计
分值	20分	20分	20分	20分	20分	100分
评价得分						

任务三互评表 表3-5

评价小组： 日期：

评价指标	水循环设计方法合理性	节水方法合理性	污水处理方案合理性	某小区节水与水资源评价合理性	参考资料的合理性	合计
分值	20分	20分	20分	20分	20分	100分
评价得分						

任务三教师评价表 表 3-6

评价教师：　　　　　　　　评价小组：　　　　　　　　日期：

评价指标	水循环设计方法合理性	节水方法合理性	污水处理方案合理性	某小区节水与水资源评价合理性	参考资料的合理性	合　计
分值	20 分	20 分	20 分	20 分	20 分	100 分
评价得分						

任务三成员表现互评表 表 3-7

评价小组：　　　　　　　　日期：

评价指标 / 被评组员	出勤率（20 分）	团队协作性（30 分）	工作态度（20 分）	任务完成比例（30 分）	评价得分合计（100 分）

任务三评价汇总表 表 3-8

评价小组：　　　　　　　　日期：

得　分　项	自评得分（15%）	互评得分（25%）	教师评分（45%）	表现互评分（15%）	合计（100 分）
评价得分					
加权得分					

四、拓展问题

任务描述：在学校选择一合理地块规划一处人工湿地，用于处理学校的全部污水并画出示意图。

要求：示意图中要标明污水排入方式；规划里面需要说明选择该地点的理由、湿地植被类型、污水处理量等。

任务四　节材与材料资源利用评价

一、任务描述

根据《绿色建筑评价标准》(GB 50378—2006)的要求完成对××小区“节材与材料资源利用”项的绿色评估。

二、学习目标

通过本学习任务的学习,你应当能:

1. 掌握建筑节能工程常用工程材料类型;
2. 掌握各种绿色建材的节能特点;
3. 掌握国内外绿色建材发展趋势;
4. 对建筑进行节材及材料资源利用评价。

学时

完成本任务共需要12学时。

工作流程

前期准备	任务实施								评价、总结(反馈)			
1	1	2	3	4	5	6	7	8	1	2	3	4
资料查找	自保温节能材料的应用	保温隔热材料的应用	节能门窗的应用	节能饰面材料	可再生利用材料	废弃物生产的建材	功能性装饰材料	××小区节材评价	自评	互评	师评	总结

三、任务实施

(一)前期准备

1. 什么是绿色建材?列举几种建筑中常用的绿色建材,说明判别标准。

2. 查找资料,简述中国绿色建材目前发展趋势。

(二)任务实施

1. 自保温节能材料在建筑中应用非常广泛,查找资料列出自保温节能材料在建筑中的应用及其特点，并完成表4-1。

自保温节能材料的应用 表4-1

材料名称		节能特点	用途
加气混凝土及其制品	加气混凝土砌块	轻质、强度较高、可加工性好、施工方便、价格较低、保温隔热、节能效果好等优点	特别适用于节能建筑的单一和复合外墙，以及建筑物内隔墙、屋面和墙体的保温隔热层等
	蒸压加气混凝土板	重量轻、强度较高、施工方便、造价较低、隔音效果好等优点	建筑物的屋面板、建筑物外墙、分室和分户隔墙等
保温砌模			
保温节能砌块			

2. 泡沫塑料保温绝热材料是建筑中常用的绿色建材，除此之外石棉、岩棉、珍珠岩粉等制品也常用于建筑的保温隔热。查找资料完成表4-2。

绿色保温绝热材料特点及用途 表4-2

材料名称		节能特点	适用范围
泡沫塑料	聚苯乙烯泡沫塑料		
	聚氯乙烯泡沫塑料		
	聚氨酯泡沫塑料		
	聚乙烯泡沫塑料		
	脲醛泡沫塑料		
绝热用模塑聚苯乙烯泡沫塑料板			
绝热用挤塑聚苯乙烯泡沫塑料板			
胶粉聚苯颗粒保温浆料			
硬质聚氨酯泡沫塑料			
石棉及其制品	石棉		
	石棉纺织制品		
	石棉粉及石棉灰		
	泡沫石棉		
岩棉及其制品	岩棉板		
	岩棉玻璃布缝毡		
	岩棉铁丝网缝毡		
	岩棉管壳		
珍珠岩及制品	珍珠岩		
	膨胀珍珠岩		
	憎水珍珠岩		

3. 衡量保温隔热材料优劣性的指标是哪个？说明该指标与材料性能的关系。

小词典：

表观密度是指材料在自然状态下，单位体积的干质量。

4. 除表4-2列举的保温隔热材料外，查找资料列举5种以上其他新型节能保温材料，简要说明其节能性及适用范围。

5. 铝合金门窗和塑钢门窗是现代建筑常用的节能门窗，与传统的木门窗相比，其节能性主要体现在哪些方面？

6. 列举几种新型节能玻璃，说明其特点及节能性能。

7. 建筑节能工程常用的饰面材料主要有建筑装饰涂料、陶瓷装饰材料、无机胶凝材料装饰饰品、幕墙材料等。简述建筑装饰涂料、陶瓷装饰材料、无机胶凝材料装饰饰品在建筑上的应用。

8. 总结建筑幕墙的保温隔热节能技术措施。

9. 建筑幕墙施工有哪些特点？简述建筑幕墙施工安全管理的内容、安全防范的主要对象及各施工阶段安全防护重点。

10. 可再生利用材料包括哪些？简要说明目前国内和国际可再生利用建筑材料使用情况。

11. 可再循环材料包括哪些？说明其在节能建筑中的应用。

12. 常用的废弃物生产的建筑材料有哪些？简单论述固体废物在建材领域的应用。

13. 功能性装饰装修材料包括哪些？简述其节能性。

14. 青海玉树地震灾后重建中，主要应用了哪些新型节能建筑结构体系？总结新型节能建筑结构体系的类型及特点。

15. 调查××小区建筑材料使用情况,完成表4-3。

××小区节材及材料利用情况表　　表4-3

序　号	1	2	3	4	5	6	7	8
调查项	建筑材料现场加工情况	建筑材料运距	耐久性好的建筑材料的使用情况	可再利用的材料(按价值计)占总建筑材料比例	可再循环材料(按价值计)占所用总建筑材料的比例	工业或生活废弃物生产的建筑材料	功能性装饰装修材料	建筑结构体系
××小区情况								
调查方法								
参考资料								

16. 实操:根据××小区节材及材料利用调查结果,完成对该小区的节材及材料利用绿色标准评价,写出评价报告,填入表4-4。

××小区节材与材料资源利用的评价　　表4-4

评价项	控制项		一般项						优选项
	4.4.1	4.4.2	4.4.3	4.4.4	4.4.5	4.4.6	4.4.7	4.4.8	4.4.9
××小区情况									
是否满足要求	是□ 否□	是□ 否□	是□ 否□	是□ 否□	是□ 否□	是□ 否□	是□ 否□	是□ 否□	是□ 否□
满足要求项数									
评价等级	★□　★★□　★★★□								
评价报告									

注:表中编号4.4.1等为《绿色建筑评价标准》(GB 50378—2006)中4住宅建筑中4.4节材与材料资源利用评价项编号。

(三)评价、总结(反馈)

1. 你的周围是否存在浪费建材的现象?请提出相应的节材措施。

2. 总结建筑施工中各环节的节材方案。

3. 各小组完成对本次任务的评价，填写表 4-5 ~ 表 4-9。

任务四自评表 表 4-5

评价小组： 日期：

评价指标	自保温节能材料用途及特点	保温隔热材料用途及特点	节能门窗特点	节能饰面材料特点	可再生利用材料类型	废弃物生产的建材类型	功能性装饰材料类型	××小区节材评价	参考资料合理性	合计
分值	10 分	10 分	10 分	10 分	10 分	10 分	10 分	20 分	10 分	100
评价得分										

任务四互评表 表 4-6

评价小组： 日期：

评价指标	自保温节能材料用途及特点	保温隔热材料用途及特点	节能门窗特点	节能饰面材料特点	可再生利用材料类型	废弃物生产的建材类型	功能性装饰材料类型	××小区节材评价	参考资料合理性	合计
分值	10 分	10 分	10 分	10 分	10 分	10 分	10 分	20 分	10 分	100 分
评价得分										

任务四教师评价表 表 4-7

评价教师： 评价小组： 日期：

评价指标	自保温节能材料用途及特点	保温隔热材料用途及特点	节能门窗特点	节能饰面材料特点	可再生利用材料类型	废弃物生产的建材类型	功能性装饰材料类型	××小区节材评价	参考资料合理性	合计
分值	10 分	10 分	10 分	10 分	10 分	10 分	10 分	20 分	10 分	100 分
评价得分										

任务四成员表现互评表 表 4-8

评价小组： 日期：

评价指标 / 被评组员	出勤率（20 分）	团队协作性（30 分）	工作态度（20 分）	任务完成比例（30 分）	评价得分合计（100 分）

任务四评价汇总表 表 4-9

评价小组： 日期：

得 分 项	自评得分（15%）	互评得分（25%）	教师评分（45%）	表现互评分（15%）	合计（100 分）
评价得分					
加权得分					

四、拓展问题

绿色建材都有哪些标识？到中国绿色建筑网上查找相应认证标准，到建材市场上调查各厂家出售的绿色建材是否符合标准，写一篇 1 500 字以上的调查报告。

任务五　室内环境质量评价

一、任务描述

根据《绿色建筑评价标准》(GB 50378—2006)的要求完成对××小区“室内环境质量”项的绿色评估。

二、学习目标

通过本学习任务的学习,你应当能:

1. 掌握建筑布局与日照的关系;
2. 提出如何应用建筑布局改善风环境;
3. 对建筑进行室内环境质量评价。

学时

完成本任务共需要4学时。

工作流程

前期准备	任务实施					评价、总结(反馈)			
1	1	2	3	4	5	1	2	3	4
资料查找	光环境分析	风环境分析	声环境分析	空气质量分析	小区室区环境评价	自评	互评	师评	总结

三、任务实施

(一)前期准备

查找《民用建筑室内环境污染控制规范》[GB 50325—2001(2006年版)],总结规范对室内空气质量的规定。

（二）任务实施

1. 对于住宅室内的日照标准，一般用什么来衡量？

2. 日照对建筑节能有着极为重要的意义。对于建筑内部空间来说，争取日照包括哪些方面的内容？在建筑选址时，应从哪些方面争取日照？

3. 建筑的合理布局有利于改善日照条件，在住宅楼组合布置时如何争取良好的日照？参照示例完成表 5-1。

不同布局争取日照方案　　表 5-1

序　号	布　　局	争取日照方法	示　意　图
示例	多排多列楼栋布置	采用错位布局，利用山墙空隙争取日照	Y、X、10时、11时、12时、13时、14时
1	点、条组合布置		
2	半封闭围合		
3	全封闭围合		

4. 建筑朝向与节能有关系吗？请分析建筑朝向对节能的影响。总结表 5-2 中所列地区住宅的最佳朝向、适宜朝向和不适宜朝向。

全国部分地区建议建筑朝向 表 5-2

地　区	最 佳 朝 向	适 宜 朝 向	不 宜 朝 向
北京地区			
上海地区			
哈尔滨地区			
济南地区			
成都地区			
长沙地区			

5. 如何利用建筑布局改善风环境？参照示例，完成表 5-3。

改善风环境方法 表 5-3

序　号	改 善 方 法	方 法 简 述	示 意 图
示例	避开不利风向	我国冬季寒流主要受来自西伯利亚冷空气的影响，所以冬季寒流风向主要是西北风，故建筑规划为了节能，应封闭西北向，合理选择封闭半封闭周边式布局的方向和位置，使得建筑群的组合做到避风节能	
1			
2			

6. 住宅小区常见的噪声源有哪些？总结噪声控制的主要措施。

7. 室内空气质量标准中规定的控制项目包括哪些？规定控制的化学性污染物质有哪些？

8. 调查××小区室内环境质量，完成表5-4。

××小区室内环境质量调查表　　表5-4

调 查 项	调 查 方 法	参 考 资 料	调 查 结 果	备　注
居住空间日照情况				
卫生间有无外窗				
卧室、起居室（厅）、厨房窗地面积比				
围护结构隔声、减噪措施				
居住空间能自然通风情况				
外遮阳情况				
室内空气质量				评价标准简化为室内有无异味

小词典：

窗地面积比即房间窗洞口面积与该房间地面面积之比，简称窗地比。不同的建筑空间为了保证室内的明亮程度，照度标准是不一样的。如：在住宅设计中客厅的窗地比一般是1/6～1/4，卧室的窗地比一般为1/6～1/8。

9. 实操：根据××小区室内环境质量调查结果，完成对××小区的室内环境质量绿色标准评价，写出评价报告，填入表5-5。

××小区室内环境质量的评价　　表 5-5

<table>
<tr><td rowspan="2">评　价　项</td><td colspan="5">控　制　项</td><td colspan="5">一　般　项</td></tr>
<tr><td>4.5.1</td><td>4.5.2</td><td>4.5.3</td><td>4.5.4</td><td>4.5.5</td><td>4.5.6</td><td>4.5.7</td><td>4.5.8</td><td>4.5.9</td><td>4.5.10</td></tr>
<tr><td>××小区
情况</td><td></td><td></td><td></td><td></td><td></td><td></td><td></td><td></td><td></td><td></td></tr>
<tr><td>是否满足要求</td><td>是□
否□</td><td>是□
否□</td><td>是□
否□</td><td>是□
否□</td><td>是□
否□</td><td>是□
否□</td><td>是□
否□</td><td>是□
否□</td><td>是□
否□</td><td>是□
否□</td></tr>
<tr><td>满足要求项数</td><td colspan="5"></td><td colspan="5"></td></tr>
<tr><td>评价等级</td><td colspan="10">★□　　　★★□　　　★★★□</td></tr>
<tr><td>评价报告</td><td colspan="10"></td></tr>
</table>

注：表中编号 4.5.1 等为《绿色建筑评价标准》（GB 50378—2006）中 4 住宅建筑中 4.5 室内环境质量评价项编号。

（三）评价、总结（反馈）

1. 总结住宅小区“室内环境质量”评价的步骤。

2. 从光环境、场环境、风环境、热环境、室内空气质量几个方面总结影响室内环境质量的因素及改善室内环境质量的措施。

3. 各小组完成对本次任务的评价，填写表 5-6 ~ 表 5-10。

任务五自评表 表 5-6

评价小组： 日期：

评价指标	日照标准的合理性	改善风环境的方法	噪声控制的措施	室内空气质量控制项及化学污染物的确定	××小区室内环境质量调查的合理性	小区室内环境质量评价合理性	完成任务查找的资料是否丰富	合计
分值	20 分	20 分	10 分	10 分	20 分	10 分	10 分	100 分
评价得分								

任务五互评表 表 5-7

评价小组： 日期：

评价指标	日照标准的合理性	改善风环境的方法	噪声控制的措施	室内空气质量控制项及化学污染物的确定	××小区室内环境质量调查的合理性	小区室内环境质量评价合理性	完成任务查找的资料是否丰富	合计
分值	20 分	20 分	10 分	10 分	20 分	10 分	10 分	100 分
评价得分								

任务五教师评价表 表 5-8

评价教师： 评价小组： 日期：

评价指标	日照标准的合理性	改善风环境的方法	噪声控制的措施	室内空气质量控制项及化学污染物的确定	××小区室内环境质量调查的合理性	小区室内环境质量评价合理性	完成任务查找的资料是否丰富	合计
分值	20 分	20 分	10 分	10 分	20 分	10 分	10 分	100 分
评价得分								

任务五成员表现互评表 表 5-9

评价小组： 日期：

评价指标 / 被评组员	出勤率（20 分）	团队协作性（30 分）	工作态度（20 分）	任务完成比例（30 分）	评价得分合计（100 分）

任务五评价汇总表 表 5-10

评价小组： 日期：

得 分 项	自评得分（15%）	互评得分（25%）	教师评分（45%）	表现互评分（15%）	合计（100 分）
评价得分					
加权得分					

四、拓展问题

根据《绿色建筑评价标准》(GB 50378—2006)的规定,对你居住的住宅小区的室内环境质量进行评价,给出评价结论,写一篇不少于500字的评价报告。

任务六　运营管理评价

一、任务描述

根据《绿色建筑评价标准》(GB 50378—2006)的要求完成对××小区“运营管理”项的绿色评估。

二、学习目标

通过本学习任务的学习,你应当能:

1. 掌握小区垃圾管理方法;
2. 掌握小区智能化系统的类别;
3. 对建筑进行运营管理评价。

学时

完成本任务共需要4学时。

工作流程

前期准备	任务实施				评价、总结（反馈）			
1	1	2	3	4	1	2	3	4
资料查找	小区垃圾管理方法	智能化系统的识别	小区运营管理调查	小区运营管理评价	自评	互评	师评	总结

三、任务实施

(一)前期准备

1. 查找资料,简述ISO14001环境管理标准的体系及主旨。

2. 什么是可生物降解垃圾?

3. 什么是智能小区？智能小区包含哪些系统？

(二)任务实施

1. 日常生活垃圾可分为哪三类？分别有什么特征？完成表6-1。

日常生活垃圾分类及特征 表6-1

类　别	名　称	特　征	举　例
一			
二			
三			

2. 如何进行住宅小区内垃圾分类的管理？

3. 什么是智能化系统？简述小区智能化系统的组成。

4. 什么是无公害？无公害病虫害防治技术包括哪些方面？列举住宅小区无公害病虫害防治技术的应用实例。

5. 调查××小区运营管理情况，完成表 6-2。

××小区运营管理调查表

表 6-2

调查项		调查方法	小区情况	备注
节能、节水、节材管理制度				
水、电、燃气是否分户、分类计量收费				
垃圾管理	是否分类收集			垃圾分类回收率是指实行垃圾分类收集的住户占总住户数的比例
	生活垃圾存放方式			
	垃圾清运是否及时			
	垃圾分类回收率			
	可生物降解垃圾处理			
物业管理部门是否通过 ISO14001 环境管理体系认证				
绿化管理	绿化管理制度			
	无公害病虫害防治技术			
	树木成活率			
改造和更换设备、管道的便利性				
小区智能化系统	安全防范子系统			
	管理与设备监控子系统			
	信息网络子系统			

6. 实操：根据××小区运营管理调查结果，完成对该小区的运营管理绿色标准评价，写出评价报告，填入表 6-3。

××小区运营管理的评价

表 6-3

评价项	控制项						一般项								优选项
	4.6.1	4.6.2	4.6.3	4.6.4	4.6.5	4.6.6	4.6.7	4.6.8	4.6.9	4.6.10	4.6.11	4.6.12	4.6.13	4.6.14	4.6.15
××小区情况															
是否满足要求	是□ 否□	是□ 否□	是□ 否□	是□ 否□	是□ 否□	是□ 否□	是□ 否□	是□ 否□	是□ 否□	是□ 否□	是□ 否□	是□ 否□	是□ 否□	是□ 否□	是□ 否□
满足要求项数															
评价等级	★□ ★★□ ★★★□														
评价报告															

注：表中编号 4.6.1 等为《绿色建筑评价标准》（GB 50378—2006）中 4 住宅建筑中 4.6 运营管理评价项编号。

(三)评价、总结(反馈)

1. 总结住宅小区运营管理评价的过程。

2. 简述小区智能化发展的方向。

3. 各小组完成对本次任务的评价,填写表6-4~表6-8。

任务六自评表 表6-4

评价小组: 日期:

评价指标	生活垃圾分类合理性	小区智能化系统分类合理性	小区运营管理调查结果合理性	小区运营管理评价的合理性	完成任务查找的资料是否合理、丰富	合计
分值	20分	20分	20分	20分	20分	100分
评价得分						

任务六互评表 表6-5

评价小组: 日期:

评价指标	生活垃圾分类合理性	小区智能化系统分类合理性	小区运营管理调查结果合理性	小区运营管理评价的合理性	完成任务查找的资料是否合理、丰富	合计
分值	20分	20分	20分	20分	20分	100分
评价得分						

任务六教师评价表 表6-6

评价教师: 评价小组: 日期:

评价指标	生活垃圾分类合理性	小区智能化系统分类合理性	小区运营管理调查结果合理性	小区运营管理评价的合理性	完成任务查找的资料是否合理、丰富	合计
分值	20分	20分	20分	20分	20分	100分
评价得分						

任务六成员表现互评表

表 6-7

评价小组：　　　　　　　　　　　　　　　　　　　　　　　　　　　　　　日期：

评价指标 / 被评组员	出勤率（20 分）	团队协作性（30 分）	工作态度（20 分）	任务完成比例（30 分）	评价得分合计（100 分）

任务六评价汇总表

表 6-8

评价小组：　　　　　　　　　　　　　　　　　　　　　　　　　　　　　　日期：

得　分　项	自评得分（15%）	互评得分（25%）	教师评分（45%）	表现互评分（15%）	合计（100 分）
评价得分					
加权得分					

四、拓展问题

编制一个小区智能化管理方案。

参 考 文 献

[1] 林宪德.绿色建筑 生态·节能·减废·健康[M].北京:中国建筑工业出版社,2007.

[2] 清华大学建筑节能研究中心.2010 中国建筑节能年度发展研究报告[M].北京:中国建筑工业出版社,2010.

[3] 韩喜林.节能建筑设计与施工[M].北京:中国建材工业出版社,2008.

[4] 北京方亮文化传播有限公司.世界绿色建筑设计[M].北京:中国建筑工业出版社,2008.

[5] 北京市建筑材料管理办公室,北京土木建筑学会,北京市建设物资协会建筑节能专业委员会.建筑节能工程施工技术[M].北京:中国建筑工业出版社,2007.

[6] 鱼剑琳,王沣浩.建筑节能应用新技术[M].北京:化学工业出版社,2006.

[7] 龙恩深.建筑能耗基因理论与建筑节能实践[M].北京:科学出版社,2009.

[8] (美)阿摩斯·拉普卜特(Amos Rapoport),黄兰谷,等译.建成环境的意义——非言语表达方法[M].北京:中国建筑工业出版社,2003.

[9] 鲍国芳.新型墙体与节能保温建材[M].北京:机械工业出版社,2009.

[10] 王宗昌.建筑及节能保温实用技术[M].北京:中国电力出版社,2008.

[11] 绿色建筑论坛.绿色建筑评估[M].北京:中国建筑工业出版社,2007.

[12] 周桂云.绿色公共建筑——精品工程范例详解[M].北京:中国建筑工业出版社,2007.

[13] 张毅.建筑节能管理读本[M].北京:中国建筑工业出版社,2007.

[14] 徐占发.建筑节能常用数据速查手册[M].北京:中国建材工业出版社,2006.